创意家装设计图典
玄关·走廊·卫浴

理想·宅 编

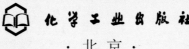
化学工业出版社
·北京·

本套图书选取了近两年内极具创意性的家居实景案例，通过对优秀设计师作品的分析来详细地解析家装设计。套书以空间进行分类，包括了《客厅》、《卧室·书房》、《餐厅·厨房》以及《玄关·走廊·卫浴》4个分册，每一册内又按照时下比较流行的现代简约风格、现代时尚风格、北欧风格、新中式风格、现代美式风格和简欧风格进行小的分类，较有特色的是针对每张图片列出了主材的参考价格，同时搭配了与空间和风格对应的小贴士，是非常有参考作用的实用性书籍，很适合室内设计师及广大业主参考阅读。

编写人员名单：（排名不分先后）

叶　萍	黄　肖	邓毅丰	邓丽娜	杨　柳	张　蕾	赵芳节	刘团团	梁　越	李小丽	王　军
于兆山	蔡志宏	刘彦萍	张志贵	刘　杰	李四磊	孙银青	肖冠军	安　平	马禾午	谢永亮
祝新云	潘振伟	王效孟								

图书在版编目（CIP）数据

创意家装设计图典：玄关·走廊·卫浴 / 理想·宅编.
北京：化学工业出版社，2018.5
　ISBN 978-7-122-31773-5

　Ⅰ．①创… Ⅱ．①理… Ⅲ．①住宅-门厅-室内装饰设计-图集②住宅-卫生间-室内装饰设计-图集③住宅-浴室-室内装饰设计-图集 Ⅳ．①TU241-64

　中国版本图书馆CIP数据核字（2018）第053033号

责任编辑：王　斌　邹　宁　　　　　　　　　　　　　　　　装帧设计：王晓宇
责任校对：吴　静

出版发行：化学工业出版社(北京市东城区青年湖南街13号　邮政编码100011)
印　　装：北京东方宝隆印刷有限公司
710mm×1000mm　1/12　印张10　字数200千字　2018年5月北京第1版第1次印刷

购书咨询：010-64518888 (传真：010-64519686)　售后服务：010-64518899
网　　址：http：//www.cip.com.cn
凡购买本书，如有缺损质量问题，本社销售中心负责调换。

定　　价：39.80元　　　　　　　　　　　　　　　　　　版权所有　违者必究

目录
Contents

· 第一章　玄关 ·

· 第二章　走廊 ·

· 第三章　卫浴 ·

第一章　玄关

玄关是家居的门面
美观、实用的玄关设计
不仅能够满足日常的使用需求
还能够展示居住者的品位
是不可忽视的一个空间
进行玄关设计时
首先应考虑储物需求
而后再考虑美观性
它是室内的影射
所以选材和色彩建议与室内风格统一

现代简约风格

TIPS：简约风玄关墙面造型设计技巧

现代简约风格的设计讲求少即是多，在进行家居设计时，基本不做无用的装饰，对于面积通常不大的玄关来说，建议以实用性为出发点进行设计。收纳是玄关中不可缺少的基本功能，可以将柜子直接作为玄关中的背景来设计，首先考虑收纳物品的数量和类型，再来设计造型。如物品较多且需要分类详细，可将柜子分成上下两部分，中间空余一部分来摆放装饰品；如物品较少，则可将柜子与隔断或搁架组合起来进行设计。

黑色木纹饰面板（80 ~ 210 元 / 平方米）

浅棕色木纹饰面板（90 ~ 150 元 / 平方米）

黑色木纹饰面板（80 ~ 210 元 / 平方米）

注：装修建材市场价格变化较大，书中所列价格仅供参考，请以当地市场价格为准。

灰镜（280～330元/平方米）

淡米灰色木纹饰面板（60～190元/平方米）

浅棕色木纹饰面板（90～150元/平方米）

木工板造型白色混油饰面（110～260元/平方米）

超白镜（220 ~ 330 元 / 平方米）

黑色饰面板（60 ~ 180 元 / 平方米）

白色乳胶漆（18 ~ 25 元 / 平方米）

灰镜（280 ~ 330 元 / 平方米）

艺术涂料（60～110元/平方米）

浅棕色木纹饰面板（90～150元/平方米）

浅棕色木纹饰面板（90～150元/平方米）

木工板造型白色混油饰面（110～260元/平方米）

超白镜（220 ~ 330 元 / 平方米）

彩色乳胶漆（20 ~ 35 元 / 平方米）

TIPS：简约风玄关的色彩搭配

简约风的玄关，色彩搭配通常有三种方式：第一种是以白色为主，包括白色顶面和白色墙面，地面搭配灰色、米黄色或白色均可，整体效果比较整洁、宽敞，如果喜欢有一些彩色，还可在墙面适量使用一些淡雅的彩色乳胶漆，如淡绿色；第二种为无色系中黑、白、灰的组合，仍是以白色为主，或为纯粹的黑白组合，其中黑色做配色，或黑白灰色三色组合，黑白用于墙面，灰色通常用在地面部分；第三种同样以白色为主，白色用在顶面、墙面，也可同时用在顶面、墙面和地面上，家具使用木质材料，如米黄色或棕色。

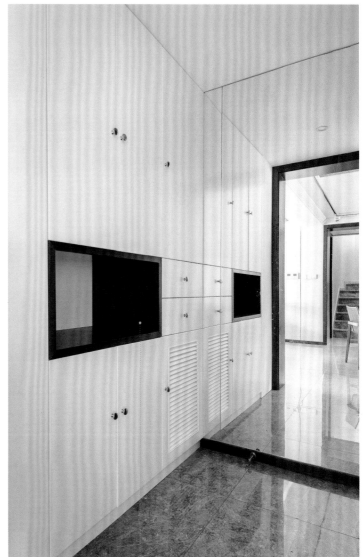

暗棕色木纹饰面板（70 ~ 180 元 / 平方米）

木工板造型白色混油饰面（110～260元/平方米）

黑镜（280～330元/平方米）

浅棕色木纹饰面板（90～150元/平方米）

白色乳胶漆（18～25元/平方米）

黑镜（280～330元/平方米）

现代时尚风格

TIPS：时尚风玄关墙面造型设计技巧

　　现代时尚风格的直白解释就是简洁而时尚，所以玄关的墙面在造型设计上具有现代风格的特点，主要以直线条、大块面为主，基本不使用弧线造型。具体设计时，可以根据玄关的面积来选择造型设计形式，如果家居中的存储空间比较足够，玄关不需要有储物功能，则可以完全从装饰角度来做设计，选择较有时尚特点的材料，如玻璃、金属、饰面板、大理石等材料做装饰；如果需要储物设计，可以根据储物量，将柜子和墙面结合起来设计。

超白镜（220 ~ 330 元 / 平方米）

灰色大理石（80 ~ 240 元 / 平方米）

白色亮面饰面板（60 ~ 120 元 / 平方米）

松木板条（160 ~ 380 元 / 平方米）

浅棕色木纹饰面板（90～150元/平方米）

白色大理石（110～340元/平方米）

黑镜（280～330元/平方米）

灰纹大理石（110～340元/平方米）

TIPS：时尚风玄关的色彩搭配

时尚风格的玄关，色彩搭配主要是以无色系中的黑色、灰色以及大地色系为主进行设计。可根据玄关的面积来选择主体色彩，如果空间比较宽敞，可以选择以黑色或深色系的大地色为主，例如深棕色，配色使用灰色、金色、白色或银色等色彩；如果空间面积比较小，则可以白色或灰色为主，其他色彩做配色。材料的选择上，若喜欢时尚的氛围强一些，可以装饰玻璃为主，搭配金属等材料；若喜欢简约一些，则可以各种饰面板、石材或壁纸等为主。

灰镜（280 ～ 330 元 / 平方米）

竖线条硬包造型（200 ～ 280 元 / 平方米）

深棕色木纹饰面板（95 ～ 165 元 / 平方米）

银色拉丝不锈钢板（280 ～ 460 元 / 平方米）

超白镜（220 ~ 330 元 / 平方米）

灰色大理石（80 ~ 240 元 / 平方米）

暗棕色木纹饰面板（70 ~ 180 元 / 平方米）

灰镜（280 ~ 330 元 / 平方米）

北欧风格

TIPS：北欧风玄关墙面造型设计技巧

　　北欧风格源自北欧地区的丹麦等国家，特点是简约又具有质朴感，造型的特点是简洁而又带有圆润感。在进行玄关的造型设计时，可以根据玄关的面积来选择具体设计方式。例如，玄关的面积比较宽敞且需要较多的储物空间，就可以用储物设计来代替背景墙，选择具有北欧特点的储物柜，搭配乳胶漆或砖墙等材料的墙面，即可完成装饰；如果玄关面积比较狭窄，可使柜子嵌入墙壁、柜子与隔断组合或购买成品，搭配不做任何造型设计的墙面。

定制柜子（220 ~ 460 元 / 平方米）

黄色饰面板（60 ~ 180 元 / 平方米）

白色乳胶漆（18 ~ 25 元 / 平方米）

白色乳胶漆（18～25元/平方米）

松木板条涂刷白漆（190～380元/平方米）

米白色亚光小尺寸墙砖（50～90元/平方米）

浅棕色木纹饰面板（90～150元/平方米）

白色乳胶漆（18 ~ 25 元 / 平方米）

浅棕色木纹饰面板（90 ~ 150 元 / 平方米）

TIPS：北欧风玄关的色彩搭配

　　北欧风格是极简风格的代表，所以色彩设计方面离不开白色，都是在白色的基础上进行配色的。

　　如果喜欢纯净的感觉，可以完全用黑、白、灰来进行组合，有两种做法：一种是大量地使用白色，灰色做辅助，黑色做跳色，如使用黑色家具；另一种是白色搭配黑色或灰色为主，灰色或黑色做辅助。如果喜欢活泼的感觉，则可在上一种配色的基础上，加入一些彩色，例如绿色、红色等；若喜欢温馨的感觉，则可加入浅木色。

砖墙涂刷白色涂料（120 ~ 150 元 / 平方米）

白色乳胶漆（18～25元/平方米）

白色乳胶漆（18～25元/平方米）

浅棕色木纹饰面板（90～150元/平方米）

蓝色乳胶漆（20～35元/平方米）

木工板造型白色混油饰面（110 ~ 260 元 / 平方米）

绿色乳胶漆（20 ~ 35 元 / 平方米）

白色乳胶漆（18 ~ 25 元 / 平方米）

淡灰色乳胶漆（20 ~ 35 元 / 平方米）

白色乳胶漆（18 ～ 25 元 / 平方米）

灰白几何图案壁纸（60 ～ 180 元 / 平方米）

灰色木板条（110 ～ 230 元 / 平方米）

橘红色乳胶漆（20 ～ 35 元 / 平方米）

新中式风格

TIPS：新中式玄关墙面造型设计技巧

　　新中式风格的玄关，是中式古典风格的精华元素与现代风格设计手法的结合。在进行设计时，造型设计方面无需过于复杂，否则容易使人感觉拥挤。如果需要与隔断组合设计，可以适当地运用一些传统造型符号，如月亮门式的圆形、窗格的花型等，前方搭配玄关几、储物柜和花瓶等装饰，形成小的景致；如果无需隔断而是正常的墙面，简单地用壁纸、乳胶漆等材料装饰，不做造型或仅做简单大块面造型，前方搭配鞋柜或玄关几等家具即可。

淡彩水墨壁纸画（90～210元/平方米）

彩色乳胶漆（20～35元/平方米）

暗棕色木纹饰面板（70～180元/平方米）

彩色乳胶漆（20～35元/平方米）

灰色暗纹壁纸（50～135元/平方米）

米黄色大理石（75～220元/平方米）

黑色饰面板（60～180元/平方米）

米灰色木纹饰面板（60～190元/平方米）

印花烤漆玻璃（280～480元/平方米）

米色暗纹壁纸（50～135元/平方米）

灰色壁纸（50～135元/平方米）

米灰色木纹饰面板（60～190元/平方米）

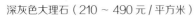

深灰色大理石（210～490元/平方米）

黑镜（280～330元/平方米）

红色暗纹壁纸（50～170元/平方米）

TIPS：新中式玄关的色彩搭配

　　新中式风格的色彩搭配有三种主要的方式：一种是以白色或灰色为主，搭配黑色或深棕色；第二种是以白色或米色为主，搭配木色系；第三种是在第一种配色的基础上，搭配华丽的皇家色，例如红色、绿色、蓝色或黄色等。这三种配色方式均可用在玄关中，但在使用时需要结合玄关的面积来选择主要色彩。小玄关适合以浅色为主，例如白色或米色，深色或彩色做配色。比较宽敞的玄关，色彩设计则基本没有什么忌讳，只要感到舒适，不让人感觉过于压抑或刺激即可。

淡灰色大理石（80～240元/平方米）

淡灰色壁纸（50～135元/平方米）

暗棕色木纹饰面板（70~180元/平方米）

棕色木纹饰面板（95~165元/平方米）

黑色木纹饰面板（80~210元/平方米）

定制实木造型（320~580元/平方米）

现代美式风格

TIPS：现代美式玄关墙面造型设计技巧

　　现代美式风格比传统美式风格更简约，也更年轻化。在进行玄关造型设计时，可以分成两个大的类型：一种类型是以储物功能为主的设计，即直接将柜子作为背景墙，现代美式风格中的柜子主要是以各种木料为主的，表面多带有简化的欧式造型符号，可以定制，也可以购买成品，墙面搭配乳胶漆或涂料就可以；另一种类型是储物需求比较少的设计，墙面可以设计带有地中海拱的造型或直线为主的简化造型，搭配玄关几或储物柜，墙面可使用乳胶漆、涂料、壁纸或护墙板等。

花色墙砖（60～190元/平方米）

白色乳胶漆（18～25元/平方米）

白色乳胶漆（18～25元/平方米）

彩色乳胶漆（20 ~ 35 元 / 平方米）

彩色乳胶漆（20 ~ 35 元 / 平方米）

彩色乳胶漆（20 ~ 35 元 / 平方米）

定制柜体（310 ~ 460 元 / 平方米）

木工板造型白色混油饰面（110~260元/平方米）

花鸟图案壁纸（90~320元/平方米）

米灰色木纹饰面板（60~190元/平方米）

文化石（78~210元/平方米）

彩色乳胶漆（20 ~ 35元 / 平方米）

彩色乳胶漆（20 ~ 35元 / 平方米）

木工板造型白色混油饰面（110 ~ 260元 / 平方米）

米灰色凹凸麻纹壁纸（110 ~ 260元 / 平方米）

浅灰绿色暗纹壁纸（50～135元/平方米）

TIPS：现代美式玄关的色彩搭配

在进行现代美式玄关的色彩设计时，可以结合居住者的喜好来具体选择组合方式。如果喜欢简洁一些的效果，可以白色为主，搭配米色、象牙白、蓝色或绿色等色彩，其中，蓝色是现代美式比较具有代表性的色彩；如果喜欢田园一些的效果，可以绿色或大地色系作为主色，大地色系包括棕色系、咖啡色、茶色等色彩，搭配米黄色、绿色、蓝色等色彩。需要注意的是，玄关通常都不会太宽敞，所以整体色彩的数量不宜过多，如果想要层次丰富一些，可以选择同色系不同深浅的色彩组合来增加数量。

白色护墙板（200～330元/平方米）

木工板造型蓝色混油饰面（110～260元/平方米）

淡绿色暗纹壁纸（50～135元/平方米）

浅黄绿色乳胶漆（20～35元／平方米）

竖线条硬包造型（200～280元／平方米）

米黄色乳胶漆（20～35元／平方米）

棕色大理石（210～490元／平方米）

简欧风格

TIPS：简欧风玄关墙面造型设计技巧

简欧风格在造型设计上具有欧式的特征，但适应性更广泛，减少了曲线的使用，而多以直线条为主。在进行玄关设计时，可以根据是否有储物需求来选择造型方式。如果以柜子为主，柜子的形式就很重要，以木质材料为主的面层带有凹凸式的简化欧式造型的款式最佳；如果储物需求量不多，则以墙面装饰为主，隔断式的墙面可使用一些镂空的曲线式花纹，平面式的墙面则建议以简化的欧式直线造型为主，来表现风格特征，前方搭配鞋柜、储物柜等家具。

白色护墙板（200 ~ 330 元 / 平方米）

超白镜（220 ~ 330 元 / 平方米）

黑镜（280 ~ 330 元 / 平方米）

金色不锈钢条（25 ~ 35 元 / 米）

超白镜车边拼花（280 ~ 420 元 / 平方米）

米色暗纹壁纸（50 ~ 135 元 / 平方米）

定制造型隔断（320 ~ 520 元 / 平方米）

灰镜（280 ~ 330 元 / 平方米）

彩色乳胶漆（20～35元/平方米）

白色乳胶漆（18～25元/平方米）

折线图案竖线条硬包造型（200～280元/平方米）

棕红色凹凸纹壁纸（190～260元/平方米）

米白色护墙板（200～330元/平方米）

白色护墙板（200～330元/平方米）

黑色饰面板（60～180元/平方米）

超白镜（220～330元/平方米）

TIPS: 简欧风玄关的色彩搭配

　　简欧风格玄关的色彩搭配方式可以分为两个主要类型：第一种是以白色为主的，或完全的黑白灰组合，或用白色搭配米灰色或蓝色等彩色，彩色的面积不会太大，整体感觉比较简洁；第二种是以大地色系为主的，如棕色、咖啡色、茶色等。大地色一般使用在墙面部分，顶面搭配白色，地面多带有拼花设计，整体感觉比较复古、厚重，不太适合面积太小或高度比较低矮的玄关。为了减轻大地色的重量感，可以适当地加入一些具有反光效果的材料，如装饰镜、金属条等。

灰色卷草纹壁纸（50～170元/平方米）

黑镜（280～330元/平方米）

陶瓷马赛克（60～280元/平方米）

米黄色大理石（75～220元/平方米）

木工板造型白色混油饰面（110～260元/平方米）

超白镜车边拼花（280～420元/平方米）

深棕色乳胶漆（20～35元/平方米）

第二章 走廊

走廊是家居中的主要交通空间

因其位置的特殊性

装饰经常被人们忽略

实际上，走廊的设计是很重要的

好的走廊设计可以让居室的整体装饰更完整

并彰显细节设计上的品位

设计时，建议结合空间面积具体进行

小走廊可仅装饰墙面

大的走廊则可在做墙面装饰的同时配以软装饰

同时还需与家居整体风格呼应

现代简约风格

TIPS：简约风走廊墙面造型设计技巧

　　走廊的可设计位置通常是在与客厅或餐厅相接的走廊中，或比较独立的走廊中。当这些部位与简约风格结合时，无需做过多的造型。

　　如果是比较宽敞的走廊，墙面可不做造型，选择与公共区相呼应的材料，而后搭配比较窄的几类或柜类家具做装饰即可。如果有储物需求，还可做内嵌式的储物柜，将墙体砸掉一定的宽度，使柜体的表面与原墙面平齐，柜面采用平面造型或百叶造型均可。

　　如果是比较窄或面积小的走廊，墙面更无需做任何造型。由于空间较小，所以色彩建议以白色或接近白色的米色为主，而后搭配色彩反差较大的无框或窄框的装饰画即可。在进行灯光设计时，如果将后期装饰画的位置考虑进去，效果会更好。

木工板造型白色混油饰面（110 ~ 260 元 / 平方米）

灰色大理石（80 ~ 240 元 / 平方米）

白色乳胶漆（18 ~ 25 元 / 平方米）

彩色乳胶漆（20 ~ 35 元 / 平方米 ）

白色乳胶漆（18 ~ 25 元 / 平方米 ）

浅棕色木纹饰面板（90 ~ 150 元 / 平方米 ）

浅棕色木纹饰面板（90 ~ 150 元 / 平方米 ）

TIPS：简约风走廊墙面适用材料

适合简约风走廊墙面的材料主要有乳胶漆、涂料、壁纸、大理石、装饰玻璃和饰面板等，在进行简约风格的走廊设计时，墙面的材料可以根据空间的面积来具体选择。

如果是宽度窄的走廊，不适合使用花纹太明显且色彩过深的材料，浅色无纹理的壁纸、暗纹壁纸、浅色纹理不明显的或纯色饰面板、浅色乳胶漆以及涂料均可。需注意的是，墙面材料数量无需太多，两种以内最佳；如果走廊较宽敞，则可以在以上材料的基础上，增加如装饰玻璃、大理石等现代感比较强的材料。色彩组合可深浅搭配，材料数量不建议超过三种。

黑色乳胶漆（20 ～ 35 元 / 平方米）

白色乳胶漆（18 ～ 25 元 / 平方米）

灰色暗纹壁纸（50 ～ 170 元 / 平方米）

彩色乳胶漆（20~35元/平方米）

白色乳胶漆（18~25元/平方米）

灰色大理石（80~240元/平方米）

木工板造型白色混油饰面（110~260元/平方米）

现代时尚风格

TIPS：时尚风走廊墙面造型设计技巧

时尚风格的走廊，造型设计具有简洁感，不再仅限于直线，大弧度的简洁曲线也可使用，细节设计更多一些，以凸显时尚感为主。墙面造型的重点部分可以根据户型特点来决定，宽敞一些的墙面造型可多样化一些，如在平面墙壁上搭配立体曲线造型或立体装饰等，前方搭配简洁一些的装饰柜或装饰几；如果是比较窄小的走廊，两侧墙面可以大块面造型为主，尽头墙面做主角，材料上与其他墙面予以区分，而后简单地装挂现代风装饰画即可。

黑色饰面板（60～180元/平方米）

彩色乳胶漆（20～35元/平方米）

蓝色暗纹竖线条硬包造型（200～280元/平方米）

立体集成板（180 ~ 290 元 / 平方米）

灰镜（280 ~ 330 元 / 平方米）

白色乳胶漆（18 ~ 25 元 / 平方米）

黑镜（280 ~ 330 元 / 平方米）

TIPS：时尚风走廊墙面适用材料

　　时尚感的塑造，造型方面是次要的，主要是依靠色彩和材料的质感来体现的。无论走廊面积大还是小，只要选对材料，就可以展现出时尚感。能够体现时尚韵味的材料主要包括大地色系的饰面板、灰色系的大理石、无色系或茶色的装饰镜或暗纹壁纸以及金色或银色的金属等。选择主材时，可以从走廊的面积和采光角度出发，采光好、宽敞的走廊可以深色无反光的材料为主，比较阴暗、窄小的走廊则建议以浅色材料为主，而后适当地搭配深色反光材料来塑造层次感。

彩色乳胶漆（20 ～ 35 元 / 平方米）

灰色大理石（80 ～ 240 元 / 平方米）

米黄色木纹饰面板（80 ～ 210 元 / 平方米）

黑色暗纹壁纸（50 ～ 170 元 / 平方米）

灰色大理石（80 ～ 240 元 / 平方米）

夹丝玻璃（220 ～ 360 元 / 平方米）

暗棕色木纹饰面板（70 ～ 180 元 / 平方米）

超白镜车边拼花（280 ～ 420 元 / 平方米）

北欧风格

白色乳胶漆（18 ～ 25 元 / 平方米）

砖墙涂刷白色涂料（120 ～ 150 元 / 平方米）

TIPS：北欧风走廊墙面造型设计技巧

北欧风格的走廊，如果没有特殊的储物需求，基本上不会做任何造型，通常的做法是使用一种装饰材料，而后搭配装饰画、装饰镜或装饰柜等软装饰来美化环境。但当有储物需求时，可以适当地设计一些入墙式的装饰柜，表面材料与墙面同色最佳，造型尽量简洁，封闭式的柜体最佳。如果与公共区有连接，可以做一些镂空格子摆放装饰品。

白色乳胶漆（18 ～ 25 元 / 平方米）

白色乳胶漆（18～25元/平方米）

彩色乳胶漆（20～35元/平方米）

白色乳胶漆（18～25元/平方米）

黑板贴（15～35元/平方米）

TIPS：北欧风走廊墙面适用材料

　　乳胶漆、涂料、砖墙是北欧风走廊中使用频率较高的材料，也是非常具有代表性的材料。乳胶漆可以是白色的，也可以是彩色的，但在走廊中，因为面积通常比较小，所以色彩不会过深。如果走廊的采光比较好，可以将主题墙设计成红砖墙，能够表现出北欧风格的质朴感；若采光不是很好，则可以在砖墙表面涂刷一层白色的涂料，保留砖墙的自然纹理，同时又能够显得宽敞、明亮。当原建筑结构对使用砖墙不够便利时，可以使用 3D 砖纹贴纸来代替砖墙，但纹理的立体感和自然感会略差一些。

白色乳胶漆（18 ~ 25 元 / 平方米）

浅棕色木纹饰面板（90 ~ 150 元 / 平方米）

彩色乳胶漆（20 ~ 35 元 / 平方米）

砖墙涂刷白色涂料（120 ~ 150 元 / 平方米）

彩色乳胶漆（20 ~ 35 元 / 平方米）

黑板贴（15 ~ 35 元 / 平方米）

彩色乳胶漆（20 ~ 35 元 / 平方米）

新中式风格

米黄色大理石（75 ~ 220 元 / 平方米）

TIPS：新中式走廊墙面造型设计技巧

　　新中式风格的走廊，在意境上仍会具有中式的韵味，但造型设计上更简洁。墙面造型可以结合走廊的面积来设计，比较宽敞的走廊可以设计一些带有中式传统符号的造型，通过材料的纹理或拼接设计表现出来，前面再搭配新中式风格的装饰几、装饰柜等；比较窄小的走廊就不适合具备功能性，墙面可不做造型，或简单地用线条做造型，选择比较素雅的材料，不使用会对行动造成阻碍的装饰柜等家具，而是通过悬挂装饰画的方式来做后期装饰，美观、大方且节约面积。

彩色乳胶漆（20 ~ 35 元 / 平方米）

花鸟图案壁纸（90 ~ 180 元 / 平方米）

米黄色暗纹壁纸（50～135元/平方米）

彩色乳胶漆（20～35元/平方米）

灰色凹凸暗纹壁纸（110～260元/平方米）

灰色暗纹壁纸（50～170元/平方米）

白色亮面饰面板（60 ~ 120 元 / 平方米）

灰色壁纸（50 ~ 135 元 / 平方米）

浅米灰色编织壁纸（130 ~ 280 元 / 平方米）

仿砖石文化石（78 ~ 210 元 / 平方米）

米黄色暗纹壁纸（50~135元/平方米）

灰色大理石（80~240元/平方米）

白色乳胶漆（18~25元/平方米）

彩色乳胶漆（20~35元/平方米）

TIPS：新中式走廊墙面适用材料

　　乳胶漆、壁纸、装饰镜以及木纹饰面板等材料均适合用来装饰新中式风格的走廊。喜欢简洁一些的感觉，可以选择以乳胶漆或壁纸为主，单独使用或搭配镜面材料，特别是对于一些小的走廊来说，适当地使用超白镜可以扩大空间并增加光亮度。超白镜可搭配边框、带有中式印花，还可车边拼接成砖墙的错缝造型。喜欢复古一些的感觉，可以选择以木纹饰面板为主材。使用时，可以根据走廊的面积来选择饰面板的纹理和色彩。浅色适合各种面积，均可大面积使用。深色大面积使用则仅适合宽敞的走廊，在小面积走廊中可作为跳色与其他色彩的材料搭配设计。

超白镜（220 ～ 330 元 / 平方米）

淡米黄色亚光墙砖（55 ～ 120 元 / 平方米）

白色乳胶漆（18 ～ 25 元 / 平方米）

超白镜（220～330元/平方米）

淡米灰色壁纸（50～135元/平方米）

仿砖纹文化石（120～300元/平方米）

淡灰色暗纹壁纸（50～170元/平方米）

现代美式风格

彩色仿古墙砖拼贴（100～260元/平方米）

TIPS：现代美式走廊墙面造型设计技巧

　　现代美式风格的走廊，造型设计是比较丰富的：一种是不做任何造型，用材料本身的纹理来体现美式特点；第二种是比较乡村的做法，即在墙面上设计一个或多个带有地中海特点的拱形造型，通常是内凹的，搭配与外侧墙面平齐的装饰柜或装饰几，也可以用线条直接做成拱形造型，搭配比较薄的家具；第三种是比较具有欧式特点的，用直线条造型为主的简化欧式造型，多以方形或长方形为造型元素。

彩色乳胶漆（20～35元/平方米）

白色护墙板（200～330元/平方米）

米淡灰绿色暗纹壁纸（90～235元／平方米）

彩色乳胶漆（20～35元／平方米）

灰色欧式大花壁纸（90～270元／平方米）

彩色乳胶漆（20～35元／平方米）

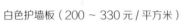

白色护墙板（200 ~ 330 元 / 平方米）

文化石（120 ~ 300 元 / 平方米）

白色乳胶漆（18 ~ 25 元 / 平方米）

彩色乳胶漆（20 ~ 35 元 / 平方米）

彩色乳胶漆（20～35元/平方米）

白色乳胶漆（18～25元/平方米）

彩色乳胶漆（20～35元/平方米）

花草图案壁纸（110～260元/平方米）

TIPS：现代美式走廊墙面适用材料

彩色乳胶漆、颗粒感的涂料、壁纸或护墙板是现代美式走廊中比较常使用的材料，每一种材料都有其独特的用法。彩色乳胶漆可单独使用，也可与护墙板组合使用，色彩通常为米色、蓝色、绿色或紫色等。涂料多与拱形造型组合使用，表现具有淳朴感的氛围，多单独使用。壁纸可单独使用，也可与护墙板组合使用，通常是壁纸用在上方，下方使用墙裙式的护墙板。在走廊中，壁纸的花纹不宜过于明显，条纹或暗纹的款式最佳。护墙板则主要是组合乳胶漆或壁纸来设计的。现代美式风格中，很少会大面积地单独使用护墙板做走廊的装饰。

白色木纹护墙板（200 ～ 330 元 / 平方米）

彩色乳胶漆（20 ～ 35 元 / 平方米）

彩色乳胶漆（20 ～ 35 元 / 平方米）

米灰色暗纹壁纸（110～260元/平方米）

彩色乳胶漆（20～35元/平方米）

彩色乳胶漆（20～35元/平方米）

灰色护墙板（200～330元/平方米）

简欧风格

TIPS：简欧风走廊墙面造型设计技巧

　　简欧风的走廊，墙面造型方面多少还是会带有一些欧式风格的痕迹，最具代表性的就是简化后的欧式造型元素，以直线条的方框线或长方框线为造型基础，重复性地出现。简洁一些的做法是在墙的中间偏下的位置部分加一条腰线，上下部分可以使用同种材料，也可做材料拼接。除此之外，不使用任何造型，而仅以材料的色彩和质感来表现简欧特征，也是简欧风走廊墙面比较常用的一种设计方式，这种做法更简约、经济。

白色护墙板（200 ~ 330 元 / 平方米）

灰色格纹壁纸（80 ~ 220 元 / 平方米）

彩色乳胶漆（20 ~ 35 元 / 平方米）

超白镜（220～330 元 / 平方米）

灰色大理石（80～240 元 / 平方米）

灰色卷草纹壁纸（85～220 元 / 平方米）

米灰色暗纹壁纸（50～170 元 / 平方米）

白色护墙板（200 ~ 330 元 / 平方米）

彩色乳胶漆（20 ~ 35 元 / 平方米）

超白镜车边拼花（280 ~ 420 元 / 平方米）

米黄色大理石（75 ~ 220 元 / 平方米）

棕色木纹饰面板（95～165元/平方米）

横条错缝硬包造型（260～380元/平方米）

浅灰色欧式大花壁纸（120～350元/平方米）

浅棕色木纹饰面板（90～150元/平方米）

TIPS：简欧风走廊墙面适用材料

护墙板是非常具有欧式特征的一种材料，在简欧风格的走廊中，则适合选择造型以直线条为主的护墙板，可以所有墙面均使用护墙板，也可仅用于墙面的下半部分，白色、米色和黑色使用频率较高。除此之外，壁纸也是使用频率很高的一种材料，可以根据走廊的面积来选择花纹的样式，宽敞的走廊可选择典型欧式纹理的款式，纹理可显著一些；窄小的走廊则适合选择纹理不明显或无纹理的款式，条纹、欧式纹理、麻纹等均可。石膏线造型、装饰镜、乳胶漆或大理石等材料，也可组合起来设计，用来装饰简欧风的走廊，但使用频率要低一些。

茶镜（280～330元/平方米）

超白镜（220～330元/平方米）　　　　白色护墙板（200～330元/平方米）

棕色欧式大花壁纸（90 ~ 220 元 / 平方米）

白色护墙板（200 ~ 330 元 / 平方米）

白色嵌不锈钢条护墙板（210 ~ 450 元 / 平方米）

黑镜（280 ~ 330 元 / 平方米）

第三章　卫浴

卫浴间是家居中不可缺少的功能空间

它的内部设计能够反映出居住者的生活品质

品质并不代表昂贵

而是一种搭配的精致度

虽然在大部分人的印象中

浴室仅仅就是一些瓷砖和洁具

但它们的组合方式却是千万种变化的

从风格入手来进行居室的装饰

在美化环境的同时

能够让人更享受生活的美好

现代简约风格

TIPS：简约风卫浴墙面适用材料

　　简约风的卫浴宜体现出宽敞、简洁的感觉，墙面适合使用方形或长方形的墙砖，方形的款式大尺寸或小尺寸均可，长方形则建议以大块面款式为主。除了墙砖外，还可选择白色系或灰色系为主的大理石以及马赛克等材料来装饰墙面。其中，马赛克可以选择陶瓷材料、玻璃材料或银色金属材料的类型，通常是用在洗手台上方或马桶后方的墙面部分，或直接混色拼贴，或设计一些简单的花纹来进行组合拼贴。

灰纹大理石（110 ~ 340 元 / 平方米）

白色亚光墙砖（55 ~ 120 元 / 平方米）

灰纹大理石（110 ~ 340 元 / 平方米）

淡米黄色仿古墙砖（90 ~ 220 元 / 平方米）

白色亚光小尺寸墙砖（50 ~ 90 元 / 平方米）

陶瓷马赛克（60 ~ 280 元 / 平方米）

米灰色亚光墙砖（55 ~ 120 元 / 平方米）

陶瓷马赛克（60 ~ 280 元 / 平方米）

陶瓷马赛克（60～280元/平方米）

黑色亮面墙砖（50～130元/平方米）

银色金属马赛克（100～500元/平方米）

陶瓷马赛克（60～280元/平方米）

米白色亚光墙砖（55～120元/平方米）

米色大理石（75～220元/平方米）

灰镜（280～330元/平方米）

灰绿色墙砖（60～180元/平方米）

灰色仿大理石墙砖（80～160元/平方米）　　　灰纹大理石（110～340元/平方米）　　　灰色防水乳胶漆（30～55元/平方米）

米灰色大理石（75～220元/平方米）　　　　　淡灰色亚光墙砖（55～120元/平方米）

灰色仿大理石墙砖（80～160元/平方米）

灰纹大理石（110～340元/平方米）

灰色水泥墙砖（50～155元/平方米）

米灰色仿木纹墙砖（90～160元/平方米）

TIPS: 简约风卫浴的色彩搭配

　　简约风格卫浴的色彩搭配，可以结合其面积来进行组合。总的来说，是以无色系中的白色或灰色为主的。

　　小面积卫浴的墙面可选择白色、米色、淡米黄色、浅灰色等，搭配同色系或黑色的洗漱柜，如果觉得有些单调，后期可用花艺或色彩反差较大的装饰品做装饰。

　　宽敞一些的卫浴，墙面色彩的选择范围要广泛一些。白色是最保守的选择，除此之外，还可以选择中灰色或黑色。若选择后者，则建议选择明亮一些的橱柜，如白色、米黄色等，避免不够明快而产生压抑的感觉，与简约风格的特征不符。

灰纹大理石（110～340元/平方米）

米白色亚光墙砖（55～120元/平方米）

黑色亚光小尺寸墙砖（50～90元/平方米）

白色亚光墙砖（55～120元/平方米）

白色亮面小尺寸墙砖（40～85元/平方米）

白色亚光墙砖（55～120元/平方米）

灰色大理石（80～240元/平方米）

淡灰色亚光墙砖（55 ~ 120 元 / 平方米）

白色仿大理石墙砖（80 ~ 160 元 / 平方米）

黑色大理石（80 ~ 240 元 / 平方米）

白色印花墙砖（60 ~ 155 元 / 平方米）

白色亚光小尺寸墙砖（50～90元/平方米）

深灰色仿大理石墙砖（80～160元/平方米）

米黄色大理石（75～220元/平方米）

陶瓷马赛克（60～280元/平方米）

现代时尚风格

棕色大理石（210～490元/平方米）

灰色大理石（80～240元/平方米）

TIPS：时尚风卫浴墙面适用材料

时尚风的卫浴间内，常规类墙砖的使用频率会略低一些。为了表现出时尚的感觉，可以多使用一些比较个性的图案砖或者个性瓷片、仿大理石纹理的瓷砖，以展现时尚和个性。如果卫浴面积不大，可选择表面亮度较高的款式。

除了各种墙砖外，还可以使用大理石、黑镜、灰镜、印花玻璃或烤漆玻璃等装饰镜来装饰卫浴间的墙面。装饰镜通常用在主体部分，包括马桶后方或浴缸附近。较为常规的大理石材料，纹理的选择是非常重要的，建议选择比较具有时尚感或个性的纹理。除了这些材料以外，只要具有个性感且能满足容易清洗条件的材料，也可以大胆地用在时尚风卫浴间的墙面上。

印花茶镜（300～360元/平方米）

灰纹大理石（110～340元/平方米）

黑镜（280～330元/平方米）

绿玻璃（130～190元/平方米）

印花白镜（300～360元/平方米）

玻璃马赛克（60 ~ 280 元 / 平方米）　　灰纹大理石（110 ~ 340 元 / 平方米）　　黄镜（280 ~ 330 元 / 平方米）

黑镜（280 ~ 330 元 / 平方米）　　　　　　灰色大理石（80 ~ 240 元 / 平方米）

灰色大理石（80 ~ 240 元 / 平方米）

灰镜（280 ~ 330 元 / 平方米）

黑色仿大理石墙砖（80 ~ 160 元 / 平方米）

米黄色大理石（75 ~ 220 元 / 平方米）

TIPS：时尚风卫浴的色彩搭配

　　时尚风格的卫浴间，色彩搭配方式总的来说可以分为两大类。第一种是以无色系中白色或灰色为主的设计，灰色的深度可以结合空间面积来决定，如果面积小，不建议选择过深的灰色来大面积地装饰墙面，白色的使用则没有什么限制。配色中可适量加入金色或银色，追求的是个性的效果。

　　另一种是以大地色为主的配色方式，包括棕色系、茶色系、咖啡色、米灰色等，通常是全部墙面均以大地色为主，为了避免沉闷感，会搭配一些浅的色彩来做调节。浅色可以是不同的墙面材料，也可以是洁具，与大地色形成反差，制造个性又时尚的效果。

暗金色拉丝不锈钢（350～660元/平方米）

绿色大理石（160～360元/平方米）

棕色大理石（210～490元/平方米）

仿板岩砖（50～320元/平方米）

灰色大理石（80～240元/平方米）　　　陶瓷马赛克（60～280元/平方米）

紫灰色仿大理石墙砖（80～160元/平方米）

棕色木纹砖（60～210元/平方米）

玻璃马赛克（60～280 元／平方米）

橘镜（280～330 元／平方米）

灰色大理石（80～240 元／平方米）

陶瓷马赛克（60～280 元／平方米）

马赛克拼花（260 ~ 480 元 / 平方米）

灰纹大理石（110 ~ 340 元 / 平方米）

灰色仿大理石墙砖（80 ~ 160 元 / 平方米）

灰色大理石（80 ~ 240 元 / 平方米）

北欧风格

TIPS：北欧风卫浴墙面适用材料

北欧风格的卫浴间给人一种纯净、自然的感觉，墙面材料的选择是非常具有特点的。最常用的墙面材料有两种：一种是尺寸比较小的墙砖，多为长条形或小尺寸的方形，长条形会如砖墙一般错缝拼贴，方形砖则不做错缝；另一种是使用频率也较高的花砖，多做拼贴式设计，形成几何形状的图案。除了这两种外，带有做旧感的灰色系砖也可用于北欧卫浴间的墙面上。

黑白色几何纹理墙砖（60 ~ 140 元 / 平方米）

白色亚光小尺寸墙砖（50 ~ 90 元 / 平方米）

灰色仿旧墙砖（80 ~ 160 元 / 平方米）

黑白色几何纹理墙砖（60～140元/平方米）

白色亚光小尺寸墙砖（50～90元/平方米）

灰色水泥墙砖（50～155元/平方米）

黑色亚光小尺寸墙砖（50～90元/平方米）

白色亚光小尺寸墙砖（50～90元/平方米）

灰色亚光小尺寸墙砖（50～90元/平方米）

彩色砖拼花（120～260元/平方米）

白色亮面小尺寸墙砖（40～85元/平方米）

黑白色几何纹理小尺寸墙砖（80 ～ 185 元 / 平方米）　　　　白色防水乳胶漆（30 ～ 55 元 / 平方米）

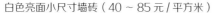

白色亮面小尺寸墙砖（40 ～ 85 元 / 平方米）　　　　黑色亮面小尺寸墙砖（40 ～ 85 元 / 平方米）

TIPS：北欧风卫浴的色彩搭配

　　北欧风格的卫浴间，通常是以无色系中的黑、白、灰为主色进行设计的，顶面通常为白色，墙面根据卫浴间的面积，可以白色为主也可以灰色为主，黑色则用在地面、浴室柜或五金件上。

　　除此之外，在以白色为主色或白色组合黑色或灰色为主的基础上，还会较多地使用彩色来进行装饰，包括蓝色、绿色、粉色、红色或多彩色组合的此类色彩的材料装饰墙面。这种设计方式整体的层次感是比较丰富的，是一种比较活泼且有个性的北欧风卫浴的色彩设计方式。

蓝色防水乳胶漆（30～55元／平方米）

白色亮面小尺寸墙砖（40～85元／平方米）

灰色仿大理石纹理墙砖拼花（160～280元／平方米）

白色防水乳胶漆（30～55元/平方米）

白色亮面小尺寸墙砖（40～85元/平方米）

白色亮面小尺寸墙砖（40～85元/平方米）

绿色系亚光小尺寸墙砖（60～130元/平方米）

米白色亚光小尺寸墙砖（50～90元/平方米）

彩色亚光小尺寸墙砖（90～140元/平方米）

淡米灰色防水乳胶漆（30～55元/平方米）

白色亚光小尺寸墙砖（50～90元/平方米）

橘粉色防水乳胶漆（30～55元/平方米）

白色亚光小尺寸墙砖（50～90元/平方米）

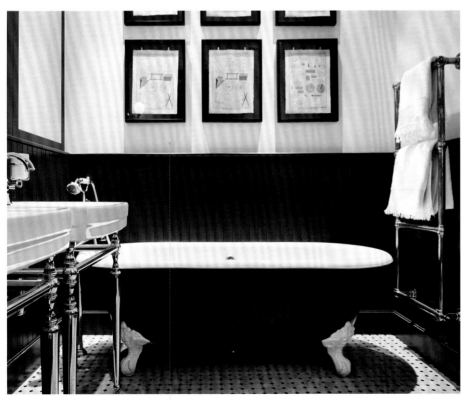

白色防水乳胶漆（30～55元/平方米）

黑色亮面墙砖（50～130元/平方米）

新中式风格

TIPS：新中式卫浴墙面适用材料

　　新中式风格的浴室，墙面比较常用的装饰材料主要为墙砖和大理石两类。其中，墙砖以仿大理石纹理或纯色砖为主。仿大理石砖多为光泽度较高的款式，纯色砖则多为米黄色或仿板岩款式的墙砖，尺寸多为大块面类型，基本不会使用尺寸太小的款式。在新中式浴室中所使用的大理石，纹理的选择是很重要的，建议选择具有复古感的类型，例如纹理可以清楚地看到但又不会过于明显和突出的类型。灰色系以及米黄色系的是非常适合的两种类型。如果觉得单调，可适当地搭配一些马赛克或装饰玻璃来调节层次感。

梅花图案壁纸（90 ~ 180 元 / 平方米）

灰色仿大理石墙砖（80 ~ 160 元 / 平方米）

黑色仿大理石墙砖（80 ~ 160 元 / 平方米）

超白镜（220～330元／平方米）

超白镜（220～330元／平方米）

米黄色大理石（75～220元／平方米）

米色仿大理石墙砖（80～160元／平方米）

米黄色大理石（75～220元/平方米）

灰色大理石（80～240元/平方米）

茶镜（280～330元/平方米）

棕色仿木纹墙砖（90～160元/平方米）

陶瓷马赛克（60～280元/平方米）

灰色大理石（80～240元/平方米）

米灰色大理石（75～220元/平方米）

贝壳马赛克（350～550元/平方米）

TIPS：新中式卫浴的色彩搭配

在新中式风格的卫浴间中，色彩是比较重要的一个元素。由于空间比较潮湿，所以具象的中式造型可能出现的位置就是浴室柜上，所以中式的韵味主要是通过色彩来呈现的。

总的来说，新中式卫浴间的色彩搭配设计有两种方式：第一种是以灰色或白色为主的配色方式，可加入素雅的木色做调节，如深棕色、棕色或米黄色等，整体氛围或素雅或温馨；另一种是比较复古的配色方式，主要是以大地色作为主色，通常是墙面或浴室柜采用大地色系，而后搭配略浅一些的色彩做调节，例如浅灰色、米灰色、白色等色彩。

印花灰镜（300 ~ 360 元 / 平方米）

灰色大理石（80 ~ 240 元 / 平方米）

灰色大理石（80 ~ 240 元 / 平方米）

黑色大理石（80～240元/平方米）

米白色大理石（110～340元/平方米）

印花地砖（130～280元/平方米）　　　　　　　　白色大理石（110～340元/平方米）

现代美式风格

TIPS：现代美式卫浴墙面适用材料

现代美式的卫浴间中，仿古砖是一种代表性的材料，所以墙面材料主要是以单色仿古砖或花色仿古砖为主。单色仿古砖就是同一个色系的仿古砖，将深浅不同的同色系砖混合铺贴在墙面上，效果比较内敛。花砖可购买成品，也可选择多种颜色自行设计，通常是两种或三种颜色混合。如果想要彰显细节设计，可在中间部分或马桶等位置使用腰线做装饰，比较活泼，且具有浓郁乡村韵味。除此之外，防水乳胶漆和壁纸等材料也可以用来装饰干湿分离的卫浴间。

单色仿古墙砖拼贴（100～260元/平方米）

彩色仿古墙砖拼贴（100～260元/平方米）

绿色防水乳胶漆（30～55元/平方米）

单色仿古墙砖拼贴（100～260元/平方米）

淡米灰色仿大理石墙砖（80～160元/平方米）

米黄色仿古墙砖（90～220元/平方米）

彩色仿古墙砖拼贴（100～260元/平方米）

米灰色大理石（75～220元/平方米）

米灰色大理石（75～220 元 / 平方米）

单色仿古墙砖拼贴（100～260 元 / 平方米）

灰色暗纹大花壁纸（90～180 元 / 平方米）

陶瓷马赛克（60～280 元 / 平方米）

单色仿古墙砖拼贴（100～260元／平方米）

腰线花砖（10～55元／片）

米灰色大理石（75～220元／平方米）

陶瓷马赛克（60～280元／平方米）

TIPS：现代美式卫浴的色彩搭配

现代美式卫浴间的色彩搭配形式，主要取决于墙砖的铺贴方式。在墙面有花砖设计的卫浴间中，由于墙面设计非常具有特点，浴室柜和洁具的色彩就建议素雅一些，白色洁具搭配白色浴室柜或白色洁具搭配深木色浴室柜都是很好的选择，可以让卫浴间色彩的主次层次更清晰；如果墙砖的色彩比较素雅，浴室柜的色彩选择范围可广泛一些，例如深绿色、灰绿色、浅绿色、淡蓝色、蓝灰色、米黄色等色彩。但需要注意的是，这些色彩的橱柜材质是很重要的，建议选择实木或木质材料的，否则容易失去美式的感觉。

白色亚光小尺寸墙砖（50 ~ 90 元 / 平方米）

彩色花砖（120 ~ 320 元 / 平方米）

动物图案壁纸（130 ~ 210 元 / 平方米）

白色小尺寸砖拼花铺贴（130～320元/平方米）

黄色防水乳胶漆（30～55元/平方米）

淡灰色亮面小尺寸墙砖（40～85元/平方米）

彩色仿古墙砖拼贴（100～260元/平方米）

彩色仿古墙砖拼贴（100～260元／平方米）

白色防水乳胶漆（30～55元／平方米）

腰线花砖（10～55元／片）

单色仿古墙砖拼贴（100～260元／平方米）

腰线花砖（10～55元/片）

白色亮面小尺寸墙砖（40～85元/平方米）

陶瓷马赛克（60～280元/平方米）

蓝色几何纹理壁纸（100～220元/平方米）

简欧风格

灰纹大理石（110 ～ 340 元 / 平方米）

灰纹大理石（110 ～ 340 元 / 平方米）

TIPS：简欧风卫浴墙面适用材料

简约风的卫浴间具有简洁而又高雅的感觉，是具有欧式的一些特征的，所以墙面材料以大理石、仿大理石纹理的墙砖、素色墙砖为主。干湿分离的卫浴间中的浴室柜部分，还可使用防水乳胶漆或壁纸来装饰墙面。

大理石以及仿大理石纹理的墙砖的铺贴设计以大块面的尺寸和规整的铺贴为主，不强调缝隙而强调规整感。大块面的素色砖铺贴同样讲究规整感，而小尺寸的砖则可菱形铺贴，还可加腰线。

灰纹大理石（110 ～ 340 元 / 平方米）

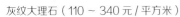

灰纹大理石（110 ～ 340 元 / 平方米）

灰纹大理石（110 ～ 340 元 / 平方米）

浅米灰色仿大理石墙砖（80 ～ 160 元 / 平方米）

淡米黄色欧式图案壁纸（120 ～ 290 元 / 平方米）

马赛克拼花（260～480元/平方米）　　　灰纹大理石（110～340元/平方米）　　　米灰色欧式大花壁纸（130～360元/平方米）

贝壳马赛克拼花（500～1300元/平方米）　　　　　米灰色防水乳胶漆（30～55元/平方米）

米黄色亮面墙砖（55～120元/平方米）

马赛克拼花（260～480元/平方米）

灰纹大理石（110～340元/平方米）

浅棕色欧式大花壁纸（70～190元/平方米）

TIPS：简欧风卫浴的色彩搭配

简欧风格的卫浴间，墙面多以浅色系为主，例如白色、象牙白、米色或米黄色等。小面积的卫浴可全部使用此类色彩进行组合，例如墙面使用淡米黄色浴室柜全部使用白色，或墙面使用白色而浴室柜使用象牙白等，五金件搭配一点深色来调节层次；个性一些，可以使用白色与黑色组合，白色集中在墙面的上半部分和洁具上，黑色集中在墙面的下半部分和地面上。

当卫浴间比较宽敞且居住者比较喜欢复古感时，墙面可使用米黄色系的材料，搭配色彩略深一些的浴室柜，例如棕色、深棕红色等，浴室柜的造型宜简洁一些，不宜过于厚重。

米灰色大理石（75～220元/平方米）

灰纹大理石（110～340元/平方米）

灰纹大理石（110～340元/平方米）

灰色大理石（80～240元/平方米）

白色仿大理石墙砖（80～160元/平方米）

黑色大理石（130～290元/平方米）

金色不锈钢条（25～35元/米）

米黄色大理石（75～220元/平方米）

灰纹大理石（110 ~ 340 元 / 平方米）

超白镜（220 ~ 330 元 / 平方米）

马赛克拼花（260 ~ 480 元 / 平方米）

米黄色大理石（75 ~ 220 元 / 平方米）